essentials

essentials liefern aktuelles Wissen in konzentrierter Form. Die Essenz dessen, worauf es als „State-of-the-Art" in der gegenwärtigen Fachdiskussion oder in der Praxis ankommt. *essentials* informieren schnell, unkompliziert und verständlich

- als Einführung in ein aktuelles Thema aus Ihrem Fachgebiet
- als Einstieg in ein für Sie noch unbekanntes Themenfeld
- als Einblick, um zum Thema mitreden zu können

Die Bücher in elektronischer und gedruckter Form bringen das Expertenwissen von Springer-Fachautoren kompakt zur Darstellung. Sie sind besonders für die Nutzung als eBook auf Tablet-PCs, eBook-Readern und Smartphones geeignet. *essentials:* Wissensbausteine aus den Wirtschafts-, Sozial- und Geisteswissenschaften, aus Technik und Naturwissenschaften sowie aus Medizin, Psychologie und Gesundheitsberufen. Von renommierten Autoren aller Springer-Verlagsmarken.

Weitere Bände in der Reihe http://www.springer.com/series/13088

Thomas Hecht

Physikalische Grundlagen der IR-Spektroskopie

Von mechanischen Schwingungen zur Vorhersage und Interpretation von IR-Spektren

Thomas Hecht
Berufliche Schule
Carl-Engler-Schule Karlsruhe
Karlsruhe, Deutschland

ISSN 2197-6708 ISSN 2197-6716 (electronic)
essentials
ISBN 978-3-658-27534-1 ISBN 978-3-658-27535-8 (eBook)
https://doi.org/10.1007/978-3-658-27535-8

Die Deutsche Nationalbibliothek verzeichnet diese Publikation in der Deutschen Nationalbibliografie; detaillierte bibliografische Daten sind im Internet über http://dnb.d-nb.de abrufbar.

Springer Spektrum

Springer Spektrum ist ein Imprint der eingetragenen Gesellschaft Springer Fachmedien Wiesbaden GmbH und ist ein Teil von Springer Nature.
Die Anschrift der Gesellschaft ist: Abraham-Lincoln-Str. 46, 65189 Wiesbaden, Germany

Was Sie in diesem *essential* finden können

- Einen verständlichen Überblick über die physikalischen Grundlagen der Infrarotspektroskopie
- Den Zusammenhang zwischen Molekülstruktur, Bindung und Banden im IR-Spektrum
- Eine Strategie zur Vorhersage einfacher IR-Spektren
- Einige beispielhafte Interpretationen von IR-Spektren unter Beachtung der zugrunde liegenden Prinzipien

Inhaltsverzeichnis

1 Molekülspektroskopie . . . 1
- 1.1 Elektromagnetisches Spektrum . . . 1
- 1.2 Wechselwirkung Strahlung-Materie . . . 3
- 1.3 Einordnung der IR-Spektroskopie ins elektromagnetische Spektrum . . . 4

2 Schwingungsspektroskopie . . . 7
- 2.1 Mechanischer harmonischer Oszillator . . . 7
- 2.2 Quantenmechanischer harmonischer Oszillator . . . 11
- 2.3 Quantenmechanischer anharmonischer Oszillator . . . 13

3 Schwingungsmoden . . . 15
- 3.1 Normalschwingungen . . . 15
- 3.2 Auswahlregeln . . . 17
- 3.3 Banden im Infrarotspektrum . . . 18
- 3.4 Ober-, Kombinationsschwingungen und „hot bands“ . . . 19
- 3.5 Isotopeneffekte . . . 19
- 3.6 Strategie . . . 20
- 3.7 Vorsicht, Gruppentheorie . . . 20

4 Rotationen . . . 23

5 Beispiele . . . 27
- 5.1 Gase . . . 27
  - 5.1.1 Kohlenstoffdioxid . . . 27
  - 5.1.2 Wasser . . . 29
  - 5.1.3 Halogenwasserstoffe . . . 31

5.2 Flüssigkeiten 33
5.2.1 Formaldehyd 33
5.2.2 Aceton 34
5.2.3 Methanol 37
5.3 Feststoffe 38
5.3.1 Eicosan 38
5.3.2 Nitrate 39
5.3.3 Polyethylen 41
5.4 Fazit 41

Literatur 45

Molekülspektroskopie

1

1.1 Elektromagnetisches Spektrum

Spektroskopie beruht auf der Wechselwirkung elektromagnetischer Strahlung mit Materie. Strahlung wird dabei von Materie absorbiert oder emittiert. Nahezu alle Spektroskopiearten verwenden Strahlung in dem in Abb. 1.1 gezeigten Wellenlängenbereich.

Typische Kenngrößen elektromagnetischer Strahlung sind Amplitude, Schwingungsdauer, Frequenz und Wellenlänge sowie bei der IR-Spektroskopie die Wellenzahl. Vor allem bei fotochemisch induzierten Reaktionen ist auch die Energie der Strahlung relevant.

Aus Abb. 1.2 ist die Herkunft der Bezeichnung „elektromagnetisch“ ersichtlich: Ein elektrischer und ein magnetischer Feldvektor schwingen senkrecht zueinander, beide breiten sich im Raum (in der Abbildung entlang der x-Achse) aus. Der (räumliche) Abstand zwischen zwei Maxima wird als Wellenlänge bezeichnet, der zeitliche Abstand als Periodendauer, das Maximum selbst als Amplitude. Wie Abb. 1.2 zeigt, sinkt die Wellenlänge mit steigender Frequenz und umgekehrt. Der Zusammenhang zwischen Wellenlänge und Periodendauer ausgedrückt in einer Formel lautet:

$$c = \frac{\lambda}{\tau}$$

T. Hecht, *Physikalische Grundlagen der IR-Spektroskopie*, essentials,
https://doi.org/10.1007/978-3-658-27535-8_1

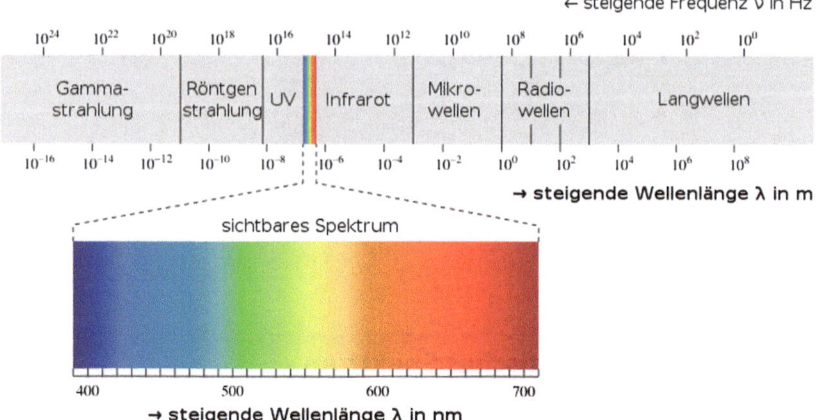

Abb. 1.1 Elektromagnetisches Spektrum. (Quelle: EM_spectrum.svg: User:Zedh derivative work: Matt (talk) (https://commons.wikimedia.org/wiki/File:EM-Spektrum.svg), „EM-Spektrum", https://creativecommons.org/licenses/by-sa/2.5/legalcode)

Die Formel fällt nicht „vom Himmel", sondern ist die Übertragung der „ganz normalen" physikalischen Definition der Geschwindigkeit $v = s/t$ auf die entsprechenden Größen für elektromagnetische Wellen. Die Frequenz („Anzahl Wellen pro Sekunde") ist einfach der Kehrwert der Periodendauer:

$$f = \frac{1}{\tau}$$

Damit hängen Wellenlänge und Frequenz über die einfache Beziehung

$$c = \lambda \cdot f$$

zusammen. Speziell in der Infrarotspektroskopie wird meist die sogenannte Wellenzahl verwendet. Diese entspricht der Anzahl an Wellen pro Strecke (meist pro Zentimeter) und ist definiert als Kehrwert der Wellenlänge:

$$\tilde{\upsilon} = \frac{1}{\lambda}$$

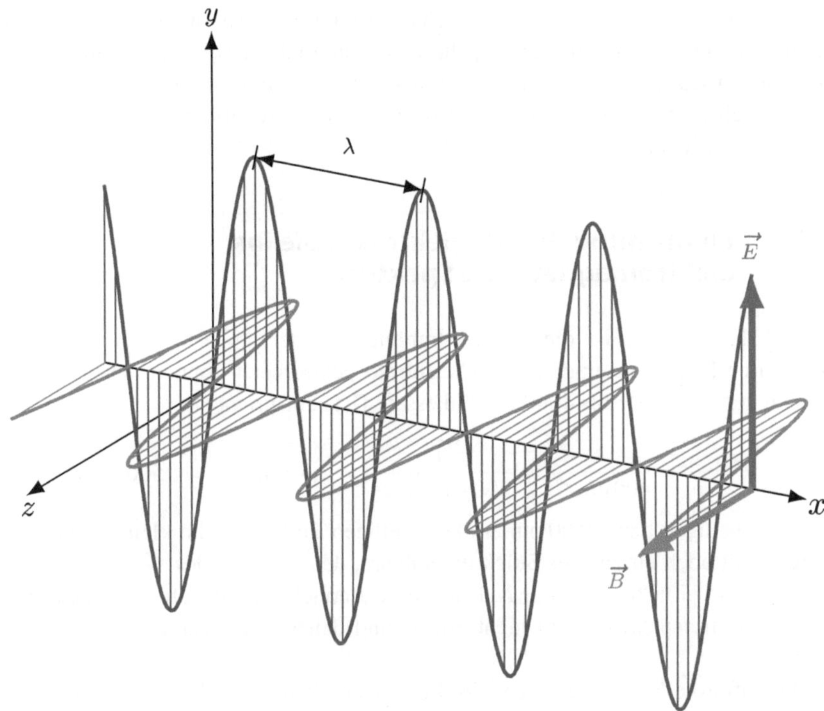

Abb. 1.2 Elektrischer und Magnetischer Feldvektor einer elektromagnetischen Welle. (Quelle: user And1mu (https://commons.wikimedia.org/wiki/File:EM-Wave_noGIF.svg), https://creativecommons.org/licenses/by-sa/4.0/legalcode)

1.2 Wechselwirkung Strahlung-Materie

Wechselwirkungen zwischen Strahlung und Materie lassen sich (je nach Bedarf und Fragestellung) auf verschiedenste Arten einteilen. Den Spektroskopiker interessieren beispielsweise Fragen wie:

- Welche Wellenlängen werden absorbiert?
- Welche Auswirkungen hat die absorbierte Strahlung auf die absorbierende Materie?
- Welche Informationen qualitativer Art lassen sich gewinnen?
- Welche Informationen quantitativer Art lassen sich gewinnen?

Prinzipiell kann jede Art von Wechselwirkung – also auch jede Art von Spektroskopie – genutzt werden, diese und ähnliche Fragen zu beantworten. Teils aus historischen, vor allem aber aus experimentellen Gründen, haben sich die verschiedenen Arten von Spektroskopie und ihre üblichen Anwendungsgebiete entwickelt.

1.3 Einordnung der IR-Spektroskopie ins elektromagnetische Spektrum

Wie Abb. 1.1 zeigt, ist die Infrarotstrahlung auf der längerwelligen Seite des sichtbaren Lichtes zu finden. Übliche Infratospektrometer können meist Wellenzahlen von 400 cm^{-1} bis 4000 cm^{-1} messen. Dies entspricht

$$\lambda = \frac{1}{\tilde{\nu}} = \frac{1}{400\,\text{cm}^{-1}} = \frac{1}{400 \cdot 10^2\,\text{m}^{-1}} = 2{,}5 \cdot 10^{-5}\text{m} = 25000\,\text{nm}$$

am langwelligen bzw. 2500 nm am kurzwelligen Ende. Wie die kleine Rechnung zeigt, fehlt noch ein ganzes Stück bis 800 nm, dem Bereich des sichtbaren Lichtes. In diese „Lücke" fällt der Nah-Infrarote Bereich, der jedoch von handelsüblichen Infrarotspektrometern nicht erfasst und daher hier nicht weiter behandelt wird.

Da infrarote Strahlung längere Wellenlängen als das sichtbare Licht aufweist, folgt wegen

$$E = h \cdot f = h \cdot \frac{c}{\lambda}$$

unmittelbar, dass sie weniger Energie transportiert: Sonnenbrand wird also nicht durch IR- sondern durch UV-Strahung verursacht. Dass aber durchaus merklich Energie transportiert wird, zeigen schon die vielen Infrarot-Strahler, die zu medizinischen (oder auch gastronomischen) Zwecken als Wärmestrahler genutzt waren. Die Energie von Strahlung ist proportional zu deren Frequenz und lässt sich durch Multiplikation mit der Planck-Konstanten einfach berechnen. Die maximal transportierte Energie beträgt:

$$E = h \cdot f = h \cdot \frac{c}{\lambda} = 6{,}626 \cdot 10^{-34}\,\text{Js} \cdot \frac{3 \cdot 10^8\,\text{m} \cdot \text{s}^{-1}}{2500 \cdot 10^{-9}\,\text{m}} = 7{,}851 \cdot 10^{-20}\,\text{J}$$

Das ist nun nicht wirklich viel. Aber auch nicht wirklich anschaulich, da es die Energie eines einzigen Photons ist. Bezieht man sich jedoch auf ein Mol Photonen, schaut die Sache schon vertrauter aus:

$$E_m = E \cdot N_A = 7{,}851 \cdot 10^{-20}\,\mathrm{J} \cdot 6{,}02 \cdot 10^{23}\,\mathrm{mol}^{-1} = 48\,\frac{\mathrm{kJ}}{\mathrm{mol}}$$

Die mittlere BIndungenergie einer Kohlestoff-Kohlenstoff-Einfachbindung beträgt ca. 348 kJ/mol, andere Bindungsstärken in organischen Molekülen sind von ähnlicher Größenordnung IR.-Strahlung ist also prinzipiell nicht in der Lage, chemische Bindungen in üblichen organischen Molekülen zu spalten. Sie kann jedoch, bei ausreichender Intensität der Strahlungsquelle die Temperatur merklich erhöhen, es kann also durchaus unangenehm werden.

Schwingungsspektroskopie 2

2.1 Mechanischer harmonischer Oszillator

Moleküle sind keine starren Gebilde, ihr Gerüst ist in ständiger Bewegung. Bindungslängen, wie sie vor allem in der organischen Chemie oft zur Unterscheidung von Bindungen angeben werden, sind daher stets mittlere Bindungslängen, die tatsächlichen Werte schwanken um diese Mittelwerte.

Der Vorgang des Schwingens lässt sich mit einem mechanischen Federpendel vergleichen (Abb. 2.1). Die Bindung wirkt dabei wie eine Feder, an der ein Massestück hängt: Durch die Gewichtskraft wird die Feder verlängert, bis die (nach oben wirkende) Rückstellkraft, also die Federkraft, so groß ist wie die (nach unten wirkende) Gewichtskraft des Massestücks. Es gilt also $F_R = F_G$. Die sich einstellende Auslenkung x wird als Gleichgewichtslage bezeichnet und entspricht der mittleren Bindungslänge.

Was passiert, wenn die Feder aus ihrer Gleichgewichtslage um eine Strecke Δx nach unten ausgelenkt wird? Die Gewichtskraft des Massestücks bleibt gleich, die Federkraft nimmt jedoch zu. Es gilt jetzt also $F_R > F_G$. Dies bewirkt (nach dem Loslassen) eine Beschleunigung nach oben. In der Gleichgewichtslage sind Rückstellkraft und Gewichtskraft wieder gleich, sodass keine weitere Beschleunigung erfolgt. Aufgrund der Trägheit bewegt sich die Masse jedoch weiter nach oben, sodass die Rückstellkraft nun kleiner ist als die Gewichtskraft. Oberhalb der Gleichgewichtslage wird die Beschleunigung also negativ. Im oberen Umkehrpunkt ist die kinetische Energie der Bewegung aufgebraucht und die Masse bewegt sich wieder nach unten, sodass eine harmonische Schwingung resultiert.

T. Hecht, *Physikalische Grundlagen der IR-Spektroskopie*, essentials,
https://doi.org/10.1007/978-3-658-27535-8_2

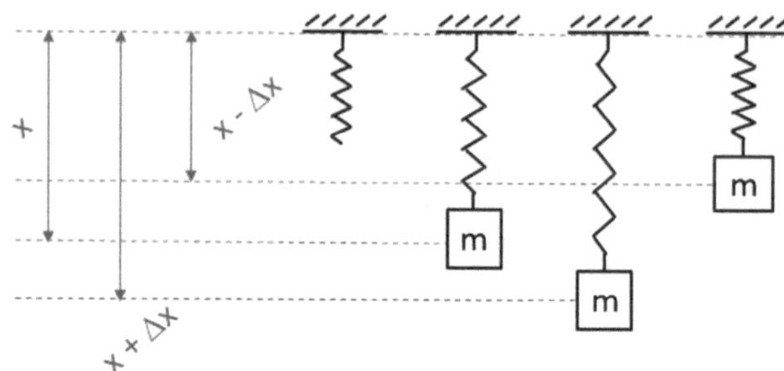

Abb. 2.1 Veranschaulichung der verschiedenen Zustände eine mechanischen Oszillators (Federpendel) bei Auslenkung aus der Ruhelage; die Ruhelage entspricht bei Molekülen der mittleren Bindungslänge

Wie in Abb. 2.2 zu sehen, ist die Rückstellkraft proportional zur Auslenkung aus der Gleichgewichtslage. Dies ist übrigens auch die Bedingung für eine harmonische Schwingung. Der Zusammenhang zwischen Kraft und Auslenkung wird als HOOKEsches Gesetz bezeichnet:

$$F_R \propto \Delta x,$$

bzw., nach Einführung eines Proportionalitätsfaktors D (der Federhärte)

$$F_R = D \cdot \Delta x.$$

Untersucht man ein solches System genauer, so stellt man fest, dass die Dauer einer Schwingung von der Härte der Feder sowie der an der Feder hängenden Masse abhängt:

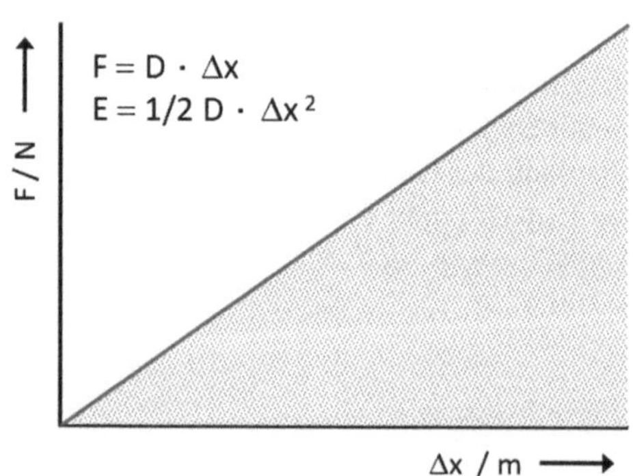

Abb. 2.2 Grafische Veranschaulichung der Proportionalität zwischen Auslenkung und Rückstellkraft beim harmonischen Oszillator, die Fläche unter der Geraden entspricht der Schwingungsenergie

$$T = 2\pi \cdot \sqrt{\frac{m}{D}}$$

Die Dauer eine Schwingung entspricht gerade dem Kehrwert der Frequenz (T = 0,1 s bedeutet, dass eine Schwingung 0,1 s dauert, d. h. 10 Schwingungen in 1 s). Mit $f = 1/T$ folgt also:

$$f = \frac{1}{2\pi}\sqrt{\frac{D}{m}}$$

Diese Gleichung gilt nun prinzipiell auch für Atome bzw. Molekülteile, die an einer Bindung beteiligt sind, welche um ihre Gleichgewichtslage (bzw. -länge) schwingt. Die Federkonstante D wird dann als Kraftkonstante k bezeichnet und ist ein Maß für die Stärke der Bindung. Außerdem schwingt nicht nur eine Masse wie beim Federpendel (die Aufhängung der mechanischen Feder schwingt nicht), sondern beide an der Bindung beteiligten Atome bewegen sich. Anstelle der Masse m wird daher die so genannte reduzierte Masse m verwendet:

$$\mu = \frac{m_1 \cdot m_2}{m_1 + m_2}$$

Durch diesen mathematischen Schritt wird quasi ein virtueller Nagel in eines der schwingenden Atome geschlagen und seine Position dadurch fixiert. Die Masse des schwingende Bindungspartners ändert sich dadurch formal: aus der (realen) Masse m wird die (virtuelle) reduzierte Masse μ.

Beispiel: Wie groß ist die reduzierte Masse von Chlorwasserstoff?

$$\mu = \frac{m(H) \cdot m(Cl)}{m(H) + m(Cl)} = \frac{1{,}6738 \cdot 10^{-24}\,\text{g} \cdot 5{,}7206 \cdot 10^{-24}\,\text{g}}{1{,}6738 \cdot 10^{-24}\,\text{g} + 5{,}7206 \cdot 10^{-24}\,\text{g}} = 1{,}626 \cdot 10^{-24}\,\text{g}$$

Die reduzierte Masse entspricht weitgehend der Masse des leichteren Bindungspartners. Je größer die Masse des schwereren Bindungspartners ist, desto mehr nähert sich die reduzierte Masse des leichteren dessen realer Masse an.

Analog lässt sich auch eine reduzierte molare Masse berechnen, die mittels der Avogadro-Zahl einfach in die reduzierte Masse umgerechnet werden kann.

Beispiel: Berechnung der reduzierten Masse von Kohlenstoffdioxid aus molaren Massen

$$\mu_M = \frac{M(O) \cdot M(CO)}{M(O) + M(CO)} = \frac{16{,}00\,\mathrm{g \cdot mol^{-1}} \cdot 28{,}01\,\mathrm{g \cdot mol^{-1}}}{16{,}00\,\mathrm{g \cdot mol^{-1}} + 28{,}01\,\mathrm{g \cdot mol^{-1}}} = 10{,}18\,\mathrm{g \cdot mol^{-1}}$$

$$\mu = \mu_M \cdot N_A = 1\frac{0{,}18\,\mathrm{g \cdot mol^{-1}}}{6{,}02 \cdot 10^{23}\,\mathrm{mol^{-1}}} = 1{,}691 \cdot 10^{-26}\,\mathrm{kg}$$

Bei der Berechnung der reduzierten Masse von mehratomigen Molekülen, entspricht eine Masse dem schwingenden Atom (bzw. Molekülteil) und eine Masse dem als ruhend angenommenen Molekülteil.

Ersetzt man die Federhärte D durch die Bindungsstärke k, so ergibt sich

$$f = \frac{1}{2\pi} \cdot \sqrt{\frac{k}{\mu}}.$$

Bei bekannter Stärke einer Bindung lässt sich somit die Schwingungsfrequenz dieser Bindung bestimmen (bzw. umgekehrt). Dabei ist nur noch zu beachten, dass in der IR-Spektroskopie nicht die Frequenz (Schwingungen pro Sekunde), sondern die Wellenzahl (Schwingungen pro Zentimeter) angegeben wird.

Beispiel: Berechnung der Kraftkonstanten von Chlorwasserstoff

Die Auswertung des IR-Spektrums von Chlorwasserstoffgas ergibt eine Wellenzahl 2885 $\mathrm{cm^{-1}}$. Dies entspricht einer Frequenz von

$$f = c \cdot \tilde{\nu} = 3{,}00 \cdot 10^{10}\,\frac{\mathrm{cm}}{\mathrm{s}} \cdot 2885\,\mathrm{cm^{-1}} = 8{,}655 \cdot 10^{13}\,\mathrm{s^{-1}}.$$

Die Bindungsstärke (Kraftkonstante der Bindung) beträgt damit

$$k = f^2 \cdot 4\pi^2 \cdot \mu = \left(8{,}655 \cdot 10^{13}\,\mathrm{s^{-1}}\right)^2 \cdot 4\pi^2 \cdot 1{,}626 \cdot 10^{-27}\,\mathrm{kg} = 481\,\frac{\mathrm{N}}{\mathrm{m}}$$

Wie die Rechnung zeigt, ergeben sich für typische kovalente Bindungen Werte von einigen hundert N/m. Um die Bindung in HCl um 1 m zu verlängern, wäre also eine Kraft ca. 500 N nötig. Dies entspricht immerhin einer Gewichtskraft von 50 kg!

Kennt man die Bindungslänge, lässt sich die Analogie zum mechanischen Oszillator durchaus auf die Spitze treiben: Aus der Wellenzahl der IR-Strahlung lässt sich deren Energie bestimmen, die gleich der Energie der Schwingung ist, welche wiederum mit der Auslenkung aus der Gleichgewichtslage (also der Bindungslänge) zusammenhängt. Somit lässt sich auch abschätzen, wie „stark" ein Molekül nach Absorption eines IR-Photons schwingt.

Beispiel: Auslenkung aus der Gleichgewichtslage durch Absorption von IR-Strahlung

Die Energie der Wellenzahl 2885 cm^{-1} (vgl. oben) beträgt

$$E = h \cdot f = 6{,}626 \cdot 10^{-34}\,\mathrm{Js} \cdot 8{,}655 \cdot 10^{13}\,\mathrm{s}^{-1} = 5{,}735 \cdot 10^{-20}\,\mathrm{J}$$

Diese Energie bewirkt eine Auslenkung um

$$\Delta x = \sqrt{\frac{E \cdot 2}{k}} = \sqrt{\frac{5{,}735 \cdot 10^{-20}\,\mathrm{J} \cdot 2}{481\,\mathrm{N} \cdot \mathrm{m}^{-1}}} = 1{,}54 \cdot 10^{-11}\,\mathrm{m} = 15{,}4\,\mathrm{pm}$$

Die Bindungslänge im HCl-Molekül beträgt 127 pm, die Anregung bewirkt also eine Auslenkung aus der Gleichgewichtslage um etwa

$$\frac{\Delta x}{x} = \frac{15{,}4\,\mathrm{pm}}{127\,\mathrm{pm}} = 0{,}12$$

bzw. 12 %.

2.2 Quantenmechanischer harmonischer Oszillator

Weshalb weisen Banden definierte Wellenzahlen auf?

Mit den oben angeführten Berechnungen endet die Analogie zwischen einem Federpendel und schwingenden Molekülen weitgehend. Dies hat verschiedene Gründe: Das Federpendel erlaubt prinzipiell beliebige Abstände (Auslenkungen). Damit wären auch beliebige Schwingungszustände erlaubt. Das Experiment (das IR-Spektrum!) zeigt jedoch: Banden treten bei (mehr oder weniger) diskreten Wellenzahlen auf. Das bedeutet, die Schwingungszustände sind gequantelt (Abb. 2.3).

Diese Zustände werden durch eine Quantenzahl, im Falle von Schwingungen die Schwingungsquantenzahl n oder v (für „vibration") beschrieben. Die Energie eines Photons ist gegeben durch $E = h \cdot f$, also sollte die Energie der Schwingung ein Vielfaches der Schwingungsquantenzahl betragen: $E_{vib} = h \cdot f \cdot v$ (die Schwingungsquantenzahl v kann Werte v = 0, 1, 2, 3, … annehmen). Richtig? Fast. Denn auch bei v = 0 besitzt das Molekül noch Schwingungsenergie, die sog. „Nullpunktsenergie" mit dem Betrag $E_{vib,0} = \frac{1}{2}h \cdot f$. Diese ist eine Folge der Heisenbergschen Unschärferelation, wonach Ort und Geschwindigkeit (genauer: Impuls) eines Teilchens nicht beliebig genau bestimmt werden können. Eine Nullpunktsenergie von exakt Null würde bedeuten, dass sowohl Ort (hier: Bindungslänge) also auch Geschwindigkeit genau bekannt sind – und genau das ist nicht möglich. Wird ein Molekül schwingungsangeregt (durch Absorption von Energie), beträgt seine Schwingungsenergie also

$$E_{vib} = h \cdot f \cdot \left(v + \frac{1}{2}\right).$$

Die Energie-*Differenz* zwischen zwei Zuständen beträgt daher

$$\Delta E_{vib} = h \cdot f \cdot \Delta v$$

Dies entspricht anschaulich einem Federpendel, das nur um bestimmte Längen ausgelenkt werden kann.

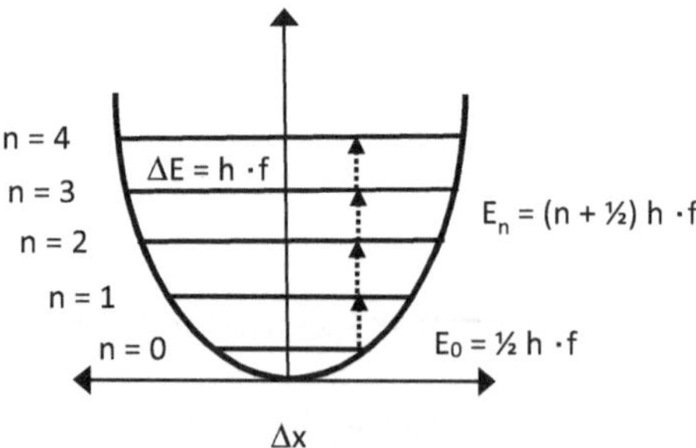

Abb. 2.3 Energie eines harmonischen, quantenmechanischen Oszillators als Funktion der Auslenkung aus der Gleichgewichtslage. Die Kurve beschreibt die klassisch möglichen, kontinuierlichen Energien; die waagerechten Linien die quantenmechanischen Schwingungszustände

2.3 Quantenmechanischer anharmonischer Oszillator

„Harmonisch“ bedeutet: Die Rückstellkraft ist proportional zur Auslenkung aus der Gleichgewichts-lage: Stauchen oder auslenken um den gleichen Betrag bewirkt daher eine betragsmäßig gleiche Energieänderung. Bei nicht zu großen Auslenkungen ist dies noch einigermaßen zutreffend, aber irgendwann ist damit Schluss.

Der Grund hierfür ist das sogenannte LENARD-JONES-Potential: Kommen sich Atome näher, steigen anziehende elektrostatische COULOMB-Kräfte zwischen den Elektronen von Atom A und dem Kern von Atom B (und umgekehrt). Gleichzeitig steigen jedoch auch die Kern-Kern-Abstoßungskräfte. Bei „großen“ Abständen überwiegen die Anziehungs- bei „kleinen“ Abständen die Abstoßungskräfte. Im Gleichgewichtszustand erreicht diese potenzielle Energie ein Minimum, das Minimum entspricht dem Gleichgewichtsabstand bzw. der Bindungslänge. Wie Abb. 2.4 zeigt, resultiert das in einer (vor allem bei höheren Schwingungszuständen zunehmend ausgeprägten) Asymmetrie der Potenzialkurve des anharmonischen Oszillators.

Üblicherweise erfolgt die Anregung durch IR-Strahlung aus dem Schwingungs-Grundzustand (v = 0) in den ersten schwingungsangeregten Zustand (v = 1). Dieser Übergang wird als Grundschwingung bezeichnet. Daneben können (genügend energiereiche Strahlung vorausgesetzt) auch Übergänge mit $\Delta v = +2, +3$, etc. auftreten. Solche Übergänge werden als „Oberschwingungen“ bezeichnet.

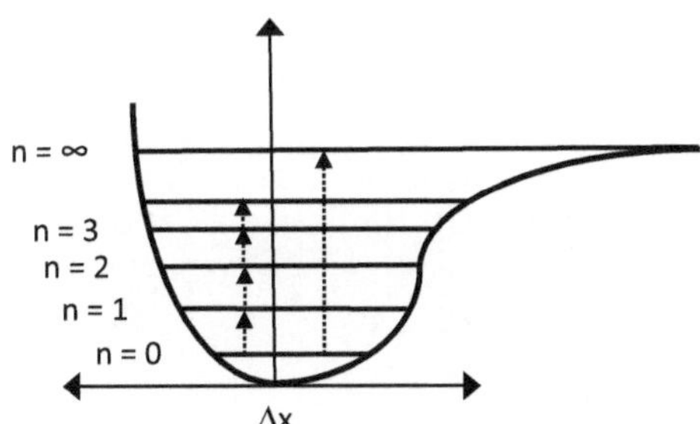

Abb. 2.4 Energien des anharmonischen quantenmechanischen Oszillators als Funktion der Auslenkung aus der Ruhelage. Die Abstände zwischen den Energieniveaus sinken mit zunehmender Schwingungsquantenzahl, da die Rückstellkraft nicht mehr proportional zur Auslenkung ist

Die diesen Verlauf beschreibende Gleichung wird nach dem 1929 vom US-amerikanischen Physiker Philip McCord MORSE vorgeschlagenen Zusammenhang als MORSE-Potential bezeichnet:

$$E_v = h \cdot f \cdot \left(v + \frac{1}{2}\right) - \frac{h^2 \cdot f^2}{4 \cdot D_e} \cdot \left(v + \frac{1}{2}\right)^2$$

Die Herleitung dieser Gleichung geht sicherlich über das hinaus, was man als „Grundlage" bezeichnen kann. Daher soll an dieser Stelle nur auf den zweiten, quadratischen Term der Gleichung hingewiesen werden. Dieser bewirkt die bei höheren Schwingungsübergängen zunehmende Differenz zwischen der Energie des harmonischen und der des anharmonischen Oszillators. Interessant ist die Gleichung auch deshalb, weil sie die Bestimmung der Bindungsdissoziationsenergie (D_e), ausgehend von spektroskopischen Messungen, erlaubt.

Glück im Unglück: Bei wenig angeregten Schwingungszuständen (im Bereich der „normalen" IR-Spektroskopie) ist dieser Unterschied gering und kann meist vernachlässigt werden.

Schwingungsmoden 3

„Schwingungsmoden“ sind Eigenschwingungen eines schwingungsfähigen Systems. Die physikalische Natur des Systems ist dabei nicht näher definiert (d. h. nicht auf schwingende Moleküle beschränkt). „Eigenmoden“, „Normalmoden“ oder „Normalschwingungen“ eines schwingfähigen Systems bilden die Basis aller Bewegungen, die ein ungedämpftes und frei schwingendes System in harmonischer Näherung ausführen kann. Ein System schwingt frei mit seiner Eigenmode, wenn weder eine Anregung noch eine Dämpfung vorliegt. Wie oben gezeigt, trifft dies mit gewissen Einschränkungen auf schwingende Moleküle zu.

3.1 Normalschwingungen

Die Anzahl der Eigenmoden eines solchen Systems steht in direktem Zusammenhang zu dessen Freiheitsgraden: Das System kann maximal so viele Eigenfrequenzen wie Freiheitsgrade besitzen. Unter Freiheitsgrad versteht man (in einem anschaulichen, mechanischen Sinn) die Zahl der voneinander unabhängigen, also frei wählbaren Bewegungsmöglichkeiten. Die Anzahl an Freiheitsgraden F hängt von der Anzahl an Atomen N in einem Molekül ab: Sie entspricht dem Dreifachen der Anzahl an Atomen in einem Molekül. Dahinter steckt die einfache Überlegung, dass sich jedes Atom eines Moleküls in jede der drei möglichen Raumrichtungen bewegen kann:

$$F = 3N$$

Bewegen sich alle Atome in die gleiche Richtung, ändern sich weder Bindungswinkel noch Bindungsabstände, das Molekül schwingt also nicht. Die gleiche Situation liegt vor, wenn sich das Molekül als Ganzes um eine der drei Raumachsen dreht. Bewegen sich jedoch nicht alle Atome in die gleiche Raumrichtung,

T. Hecht, *Physikalische Grundlagen der IR-Spektroskopie*, essentials,
https://doi.org/10.1007/978-3-658-27535-8_3

werden Bindungslängen oder -winkel geändert. Als Folge daraus wirkt eine Rückstellkraft, die das Molekül in Schwingung versetzt. Die Anzahl an Normalschwingungen beträgt somit:

$$F_{\text{Schw.}} = 3N - 6$$

bzw. bei linearen Molekülen

$$F_{\text{Schw.}} = 3N - 5.$$

(Die Rotation axial zur Bindung erfordert bzw. speichert keine Energie, daher liegen bei linearen Molekülen nur zwei Freiheitsgrade der Rotation vor.)

Eine für Anwendungszwecke recht einfach gehaltene Nomenklatur unterscheidet *Valenzschwingungen* (bei denen sich die Bindungslängen ändern) und *Deformationsschwingungen* (bei denen sich Bindungswinkel ändern).

Valenzschwingungen werden unterschieden in symmetrisch und in asymmetrisch. In Abb. 3.1 ist dies am Beispiel des Kohlenstoffdioxids gezeigt. Bei der symmetrischen Valenzschwingung (symbolisch als ν_s bezeichnet) werden beide C-O-Bindungen gleichzeitig entweder verlängert oder verkürzt. Bei der asymmetrischen Valenzschwingung (ν_{as}) wird eine der C-O-Bindungen verlängert, während die andere verkürzt wird.

Diese Art von Schwingungen tritt in analoger Weise auch in nichtlinearen Molekülen auf, wie in Abb. 3.2 am Beispiel einer Methylengruppe gezeigt.

In beiden Beispielen ist zu sehen, dass die Bindungswinkel der an den Schwingungen beteiligten Atome konstant bleiben. Wie Abb. 3.3, ebenfalls beispielhaft für Kohlenstoffdioxid und eine Methylengruppe dargestellt, bleiben bei den Deformationsschwingungen die Bindungslängen konstant, stattdessen ändern sich die Bindungswinkel:

Hier fällt auf, dass beide Beispielmoleküle in-plane- und out-of-plane-Schwingungen zeigen. Pendel- und Kippschwingungen treten jedoch nur bei der Methylengruppe (oder vergleichbaren Gruppen) auf. Grund ist die Kohlenwasserstoffkette, in welche die Methylengruppe eingebunden ist. Eine entsprechende Bewegung würde bei Molekülen wie Kohlenstoffdioxid zu einer Rotationsbewegung führen. Dies ist beispielsweise auch für Methan der Fall!

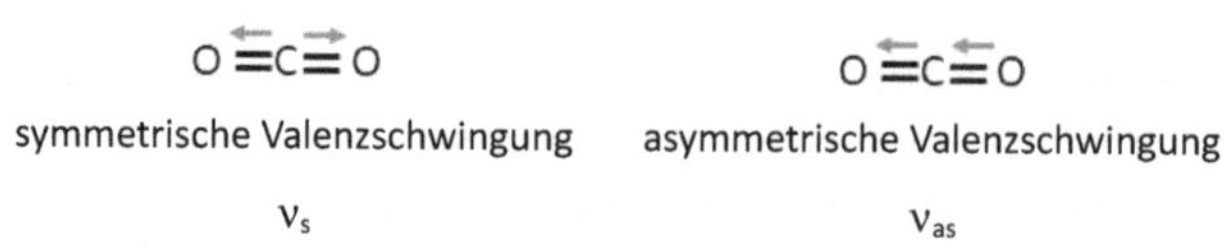

Abb. 3.1 Symmetrische und asymmetrische Valenzschwingung am Beispiel des Kohlenstoffdioxids

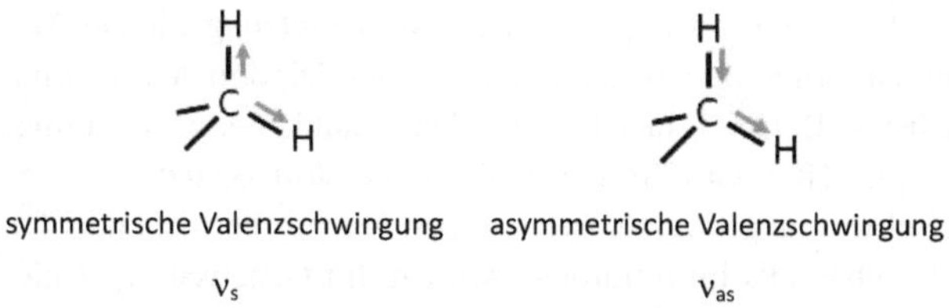

H H C H — symmetrische Valenzschwingung ν_s

H H C H — asymmetrische Valenzschwingung ν_{as}

Abb. 3.2 Symmetrische und asymmetrische Valenzschwingung am Beispiel einer Methylengruppe

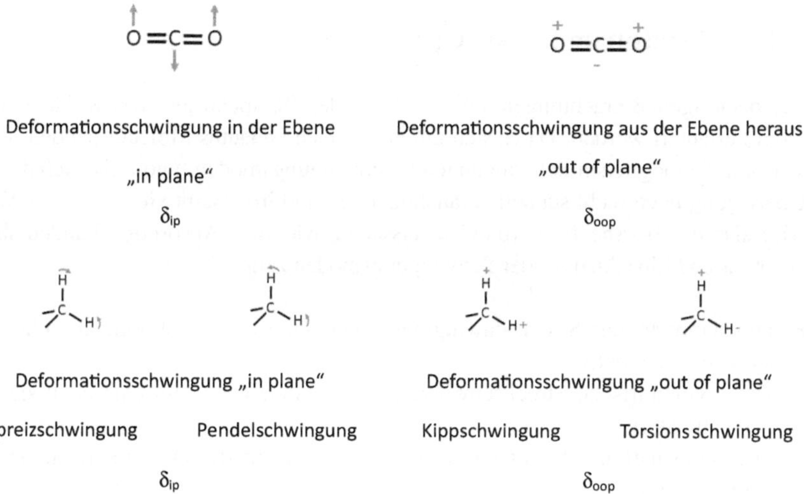

Abb. 3.3 Mögliche Deformationsschwingungen *in plane* und *out of plane*. Die vier unteren Schwingungen sind nur in Ketten wie z. B. Kohlenwasserstoffen möglich

3.2 Auswahlregeln

Voraussetzung für die Anregung eines Schwingungsübergangs ist, dass sich das Dipolmoment während der Anregung ändert. Ist dies der Fall und entspricht die Energie der Strahlung dem energetischen Abstand zwischen zwei Schwingungsniveaus (bevorzugt $v = +1$, wie oben erläutert), dann wird elektromagnetische Strahlung absorbiert.

Wenn die Änderung des Dipolmoments Voraussetzung für die Absorption von IR-Strahlung ist, folgt daraus unmittelbar, dass Dipolmoleküle immer IR-aktiv sind. Einfachstes Beispiel hierfür sind heteronukleare, zweiatomige Moleküle wie zum Beispiel HCl. Gasförmiger Chlorwasserstoff besitzt 3 N – 5, also genau eine Normalschwingung. Wasser besitzt ebenfalls ein permanentes Dipolmoment, absorbiert also ebenfalls im infraroten Bereich. Im Gegensatz zu Chlorwasserstoff besteht es aber aus 3 Atomen und ist zudem nicht linear. Daraus resultieren 3 N – 6, also drei Normalschwingungen.

Dass auch Moleküle ohne permanentes Dipolmoment IR-aktiv sind, wird im Folgenden am Beispiel des Kohlenstoffdioxids erläutert.

3.3 Banden im Infrarotspektrum

Die bisherigen Betrachtungen sollen anhand des IR-Spektrums von Kohlenstoffdioxid erläutert werden. Da es sich um ein einfach gebautes Molekül handelt, lassen sich die möglichen Schwingungen („Schwingungsmoden“) notfalls auch durch Überlegung noch recht schnell herausfinden; es sind insgesamt vier (3 N – 5). Wie wird also das IR-Spektrum von CO_2 aussehen, wie viele Absorptionsbanden sind zu erwarten? Eine Analyse der Schwingungsmoden zeigt:

- Die symmetrische Streckschwingung ν_s verändert das Dipolmoment nicht, sie ist somit IR-inaktiv
- Die asymmetrische Streckschwingung ν_{as} verändert das Dipolmoment, sie ist somit IR-aktiv
- Die Deformationsschwingung *in plane* δ_{ip} verändert das Dipolmoment, sie ist somit IR-aktiv
- Die Deformationsschwingung *out of plane* δ_{oop} verändert das Dipolmoment, sie ist somit ebenfalls IR-aktiv

Die beiden Deformationsschwingungen unterscheiden sich nur in der Betrachtungsweise: Blickt man „von oben“ auf die *in-plane*-Deformationsschwingung, so wird sie zur *out-of-plane*-Deformationsschwingung und umgekehrt. Beide Schwingungen existieren ganz real, sie sind jedoch energetisch gleichwertig und treten daher bei gleichen Wellenzahlen auf: Es handelt sich um sogenannte entartete Schwingungen. Somit sind für das IR-Spektrum von Kohlenstoffdioxid zwei Banden zu erwarten, die für drei Schwingungen stehen.

3.4 Ober-, Kombinationsschwingungen und „hot bands"

Erscheinen im Infrarotspektrum mehr Banden als aufgrund der Anzahl der Normalschwingungen zu erwarten wäre, so können verschiedene Ursachen dafür infrage kommen. Tritt beispielweise eine Bande bei ungefähr dem doppelten der Wellenzahl einer anderen, bereits identifizierten Bande auf, und besitzt diese eine geringere Intensität, so kann es sich um eine sogenannte Oberschwingung handeln. Das Modell des harmonischen Oszillators erlaubt Übergänge um $\Delta v = +2$, verlangt aber gleichzeitig, dass diese weniger intensiv sind. Solche Banden sind oft recht einfach zu identifizieren. Höhere Oberschwingungen als $v = +2$ sind meist nicht zu beobachten, da Wellenzahlen über $4000\,cm^{-1}$ bereits den Messbereich normaler Laborspektrometer verlassen und sie zudem wenig intensiv sind.

Möglich und oft auch beobachtbar sind jedoch Kombinationsschwingungen. Hierbei handelt es sich um Schwingungen, die durch Kombination zweier Normalschwingungen entstehen. Auch hier ist Kohlenstoffdioxid ein gutes Beispiel, wie weiter unten erläutert.

Bei *hot bands* handelt es sich um Übergänge aus einem schwingungsangeregten in einen höher schwingungsangeregten Zustand. Diese setzen also die Existenz eines bereits schwingungsangeregten Zustandes voraus. Da diese bei Raumtemperatur im Vergleich zum Grundzustand nur zu geringen Anteilen vorhanden sind, treten auch die dazu gehörenden *hot bands* nur mit geringer Intensität auf.

3.5 Isotopeneffekte

Ein weiterer Grund für die Erhöhung der Anzahl der beobachteten Banden sind Isotopeneffekte. Existieren von einem (oder beiden) der an der Schwingung beteiligten Atome Isotope, so besitzen diese bei weitestgehend gleicher Bindungsstärke (Kraftkonstante) eine andere Masse. Gemäß

$$f = \frac{1}{2\pi} \cdot \sqrt{\frac{k}{\mu}}.$$

(vgl. weiter vorne) bewirkt eine höhere reduzierte Masse eine niedrigere Frequenz, somit eine höhere Energie bzw. Wellenzahl. Schwerere Isotope erscheinen also im IR-Spektrum als zusätzliche Bande (meist „Schulter") auf der linken Seite des Spektrums. Ihre Intensität ist direkt vom Anteil des jeweiligen Isotops abhängig. Da dieser tabelliert ist, lassen sich solche Banden meist recht einfach identifizieren.

3.6 Strategie

Wie kann man nun, ausgehend von einer Molekülstruktur, die Anzahl der Schwingungsbanden bestimmen? Folgender Ansatz sollte prinzipiell funktionieren:

- Bestimmen der Anzahl an Normalschwingungen mittels der Formel 3 N – 5 bzw. 6, je nach Geometrie
- Aufzeichnen der Schwingungen und Einteilung in Valenz- und Deformationsschwingungen
- Überlegen, welche dieser Schwingungen das Dipolmoment ändern
- Prüfen, ob und welche der Normalschwingungen mit sich änderndem Dipolmoment entartet sind
- Anteile vorhandener Isotope berücksichtigen

Wenn keine Fehler gemacht wurden, sollte das Ergebnis dieser Überlegungen die Anzahl der durch Normalschwingungen verursachten Banden im IR-Spektrum ergeben. Immer vorausgesetzt, die Wellenzahlen dieser Schwingungen liegen im experimentell zugänglichen Bereich.

Werden mehr Banden beobachtet, so sollten die oben erwähnten Ober- und Kombinationsschwingungen oder *hot bands* die Ursache sein. Mit etwas Glück sind diese anhand der geringeren Intensität zu identifizieren.

3.7 Vorsicht, Gruppentheorie

Die *Anzahl* der Normalschwingungen zu berechnen, ist einfach. Die *Art* Normalschwingungen zu bestimmen, kann dagegen durchaus herausfordernd sein. Hier bietet die Mathematik ein mächtiges Hilfsmittel: Die sogenannte Gruppentheorie. Diese erlaubt es, anhand der Symmetrie von Molekülen ähnliche Überlegungen durchzuführen, wie sie hier „von Hand" durchgeführt wurden. Die Gruppentheorie selbst mag in der einen oder anderen Mathematik-Vorlesung bereits zu Beginn des Studiums relevant sein, der Bezug zur Spektroskopie kommt jedoch in aller Regel erst später – wenn überhaupt. Daher hier nur der Hinweis für alle Freunde des abstrakten Denkens: Gruppentheorie ist nicht Thema dieser einleitenden Darstellung, wird jedoch in Lehrbüchern auch der Physikalischen Chemie meist behandelt (vgl. Literaturübersicht). Wer IR-Spektren komplexerer Moleküle vorhersagen oder analysieren möchte, wird sich damit jedoch früher oder später auseinandersetzen müssen.

Rotationen

4

Bisher wurde nur die Schwingung betrachtet. Damit ist gemeint, dass die durch Strahlung passender Wellenzahl bzw. Wellenlänge zugeführte Energie ausschließlich dazu dient, Schwingungen anzuregen.

Ist diese Vereinfachung zulässig? Die Antwort ist, wie so oft, ein klares „Jein". Hierzu lohnt ein Blick auf die nächstliegenden weiteren Anregungen, die in einem Molekül möglich sind. Dies sind elektronische Anregungen auf der höher- und Rotationsanregungen auf der niederenergetischen Seite der Schwingungsanregungen.

Elektronische Anregungen in Molekülen sind relevant in der UV/Vis-Spektroskopie, v. a. bei Wellenlängen unterhalb von 400 nm. Dies entspricht Wellenzahlen von

$$\tilde{\upsilon} = \frac{1}{\lambda} = \frac{1}{400 \cdot 10^{-9}\,\mathrm{m}} = 2{,}5 \cdot 10^{6}\,\mathrm{m}^{-1} = 25000\,\mathrm{cm}^{-1}.$$

Eine Anregung elektronischer Zustände ist also nicht zu erwarten. Eine völlig andere Situation ergibt sich bei der Betrachtung von Rotationen. Abb. 4.1 zeigt den prinzipiellen Aufbau eines zweiatomigen Moleküls.

Wird das Molekül schwingungsangeregt, so ändert sich der Gleichgewichtsabstand R. Wird es zudem rotationsangeregt, so werden durch die Rotation Zentrifugalkräfte verursacht, die ebenfalls den Gleichgewichtsabstand ändern. Die Frage ist nun: Besitzt Infrarotstrahlung genügend Energie, um eine Rotation anzuregen? Ein Blick auf die benötigten Energien beantwortet diese Frage mit einem klaren „Ja".

Abb. 4.2 zeigt halbqualitativ die Schwingungs- und die Rotationsenergieniveaus für verschiedene angeregte Zustände. Die Abstände zwischen den Energieniveaus der zu einem Schwingungszustand v gehörenden Rotationszustände J sind offensichtlich kleiner als die Abstände zwischen zwei

T. Hecht, *Physikalische Grundlagen der IR-Spektroskopie,* essentials,
https://doi.org/10.1007/978-3-658-27535-8_4

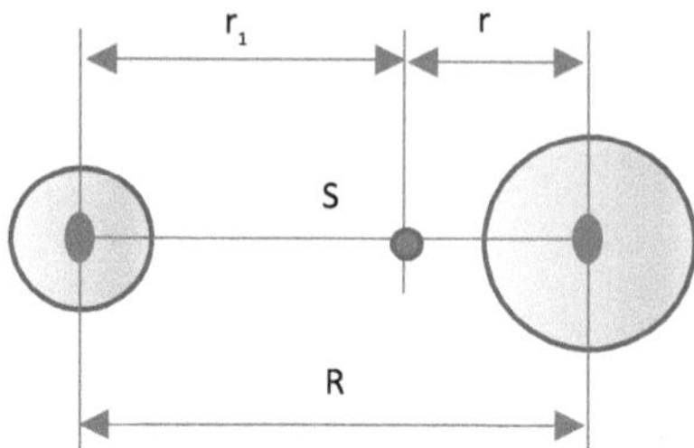

Abb. 4.1 Aufbau eines zweiatomigen Moleküls mit Gleichgewichtsabstand R und Schwerpunkt S. Die Rotation findet um den Schwerpunkt statt, der Schwerpunkt kann bei stark unterschiedlichen Massen auch innerhalb des Radius des schwereren Atoms liegen

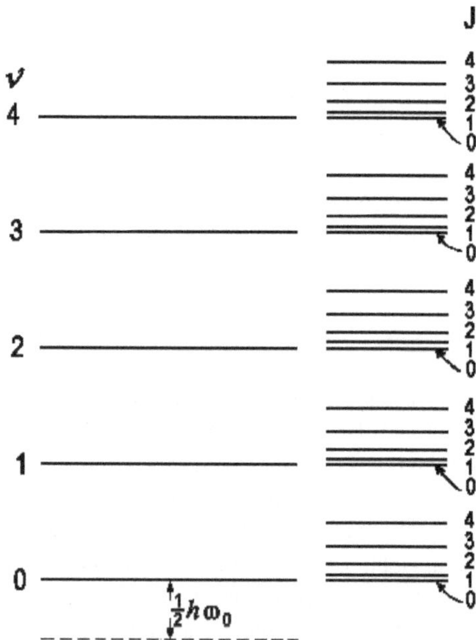

Abb. 4.2 Energieniveaudiagramm mit Schwingungs- und Rotationsenergieniveaus

Schwingungszuständen. Für Chlorwasserstoff beispielsweise beträgt die Wellenzahl der Streckschwingung ca. 2900 cm^{-1}, die Wellenzahl der Anregung der Rotation ca. 20 cm^{-1}.

Bei der Schwingungsanregung ändert sich also immer auch die Rotation. Da die Energie zur Anregung der Rotation recht gering ist, befinden sich auch im Schwingungsgrundzustand viele Moleküle in angeregten Rotationszuständen. Wird die Schwingung durch Energiezufuhr angeregt, kann dies z. B. einen Übergang $v=0$ nach $v=1$ und gleichzeitig einen Schwingungsübergang von $J=2$ nach $J=3$, aber auch von $J=2$ nach $J=1$ bewirken. Dies bewirkt zusätzliche Banden, die, bei schlechter Auflösung auch als eine breite (statt viele schmale) Bande erscheinen kann.

Weiterhin fällt auf, dass die Abstände zwischen den Rotationsenergieniveaus mit steigender Anregung zunehmen. Dies ist eine Folge der als Zentrifugalaufweitung bezeichneten Vergrößerung der Bindungslänge durch Fliehkräfte.

Beispiele 5

5.1 Gase

5.1.1 Kohlenstoffdioxid

Kohlestoffdioxid ist aufgrund seiner einfachen Struktur ein beliebtes Einstiegsbeispiel zur Analyse von IR-Spektren.

Entgegen der ursprünglichen Erwartung zeigt das Spektrum mehr als zwei Banden; die oben getroffenen Überlegungen waren wohl also nicht vollständig (Abb. 5.1). Es empfiehlt sich in einem solchen Fall, zunächst die erwarteten Banden ausfindig zu machen. Dies sind die beiden Deformationsschwingungen (Nr. 4 im Spektrum), die bei etwa 660 cm^{-1} auftreten. Die asymmetrische Streckschwingung (Nr. 3 im Spektrum) kann der Bande bei ca. 2300 cm^{-1} zugeordnet werden. Die Schulter dieser sehr intensiven Bande lässt sich mit der Existenz des Kohlenstoffisotops ^{13}C erklären (Kohlenstoff ist ein Isotopengemisch, bestehend aus 98,90 % ^{12}C und 1,10 % ^{13}C; der Anteil des aus der Radiocarbonmethode bekannten 14 C beträgt nur ca. 1 ppb): Nach

$$f = \frac{1}{2\pi} \cdot \sqrt{\frac{k}{\mu}}$$

schwingen die schwereren ^{13}C-Atome bei geringerer Frequenz und damit niedriger Wellenzahl, die geringere Intensität im Vergleich zur Hauptbande des ^{12}C ergibt sich aus dem geringen Anteil von ^{13}C.

T. Hecht, *Physikalische Grundlagen der IR-Spektroskopie*, essentials,
https://doi.org/10.1007/978-3-658-27535-8_5

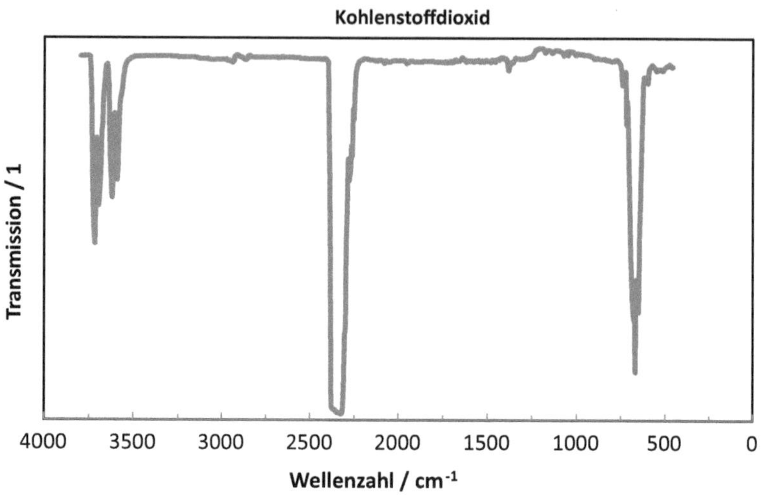

Abb. 5.1 Infrarotspektrum von Kohlenstoffdioxid, Zuordnung der Banden 1 bis 4 siehe Tab. 5.1

Die beiden Banden bei ca. 3600 cm^{-1} und 3700 cm^{-1} sind Kombinationsschwingungen. Sie ergeben sich aus der Addition der entsprechenden Grundschwingungen. Eine Analyse (d. h. „geschickte Kombination"…) der Grundschwingungen zeigt, dass bei 3600 cm^{-1} eine Kombination der Deformations- und der symmetrischen Streckschwingung auftritt. Die Bande bei 3708 cm^{-1} ergibt sich durch Addition der symmetrischen und der asymmetrischen Streckschwingung. Das erlaubt die Berechnung der Wellenzahl der (selbst nicht IR-aktiven) symmetrischen Streckschwingung:

Tab. 5.1 Schwingungsanalyse von Kohlenstoffdioxid

Bande Nr.	Wellenzahl/cm^{-1}	Art der Schwingung	Symbol
3	2343	asym.^{12}C=O Streckschwingung	ν_{as}
3	2283	asym ^{13}C=O Streckschwingung	ν_{as}
4	661	O=C=O Deformationsschwingung	δ_{ip}, δ_{oop}
1	3708	sym. und asym. Streckschwingung	$\nu_s + \nu_{as}$
2	3600	Deformations- und sym. Streckschwingung	$2 \cdot \delta + \nu_{as}$

$$\nu_s + \nu_{as} = 3708\ \mathrm{cm}^{-1} \Rightarrow \nu_s = 3708\ \mathrm{cm}^{-1} - \nu_{as} = 3708\,\mathrm{cm}^{-1} - 2343\,\mathrm{cm}^{-1} = 1365\,\mathrm{cm}^{-1}$$

5.1.2 Wasser

In der Erdatmosphäre sind beträchtliche Mengen gasförmiges Wasser enthalten. Grund genug, das für Kohlenstoffdioxid besprochene mit gasförmigem Wasser zu wiederholen. Die Anwendung der oben erwähnten Strategie führt bei Wasser zu 3 N – 6 (Wasser ist gewinkelt!) zu drei Normalschwingungen (Abb. 5.2).

Alle drei Normalschwingungen des Wassers sind IR-aktiv. Der Grund ist einfach: Wasser ist ein Dipolmolekül, jede Änderung von Bindungslängen und Bindungswinkel ändert das Dipolmoment, somit sind alle Normalschwingungen in der Lage, Infrarotstrahlung zu absorbieren (Tab. 5.2).

Eigentlich soll es hier um Gase gehen. Das Spektrum in Abb. 5.3 stammt jedoch von flüssigem Wasser. Ein Indiz hierfür ist das Auftreten der Pendelschwingung. Eigentlich sollte diese nur auftreten, wenn die schwingende Gruppe in einer Kette gebunden ist. Bei flüssigem Wasser übernehmen die durch Wasserstoffbrückenbindungen verursachten $(H_2O)_n$-Cluster die Funktion der Kette. Im direkten Vergleich zwischen flüssigem und gasförmigem Wasser zeigen sich einige Unterschiede (Abb. 5.4).

Die Pendelschwingung ist im gasförmigen Wasser verschwunden, da Cluster nur in flüssigem Wasser in relevanter Größe und Anzahl auftreten. Die Valenzschwingungen, die in flüssigem Wasser eine breite Bande bilden, sind nun klar aufgelöst. Und aus der einen Deformationsschwingung sind plötzlich eine ganze

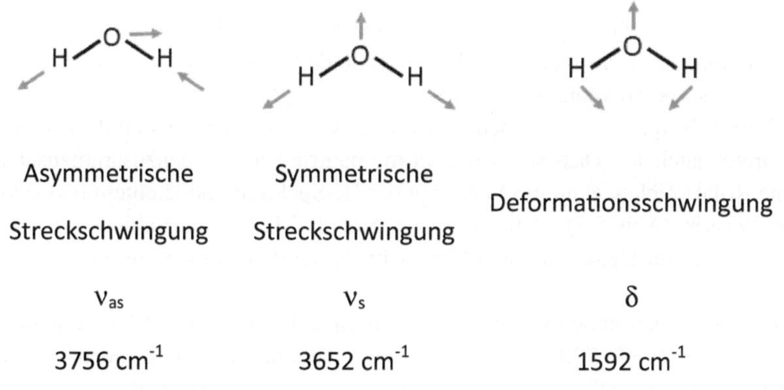

Abb. 5.2 Normalschwingungen bei Wasser

Tab. 5.2 Schwingungsanalyse von Wasser

Wellenzahl/cm^{-1}	Beschreibung der Schwingung	Symbol
Grundschwingungen		
3652	Sym. Streckschwingung	ν_s
3756	Asym. Streckschwingung	ν_{as}
1595	Deformationsschwingung	δ
Außerdem		
ca. 760	Pendelschwingung	δ

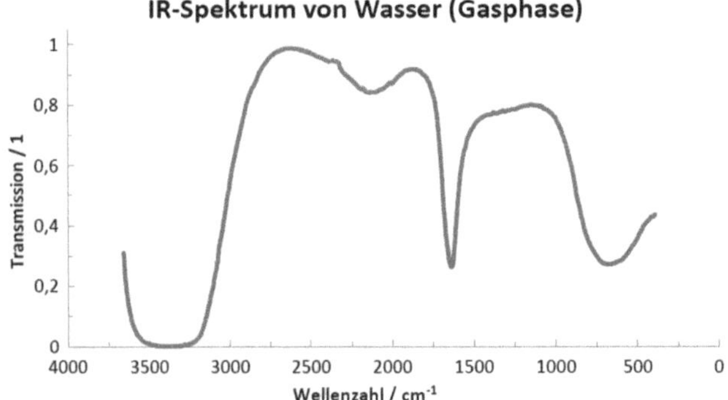

Abb. 5.3 Infrarotspektrum von gasförmigem Wasser

Anzahl von Schwingungen geworden. Ursache ist das Auftreten von Rotationsschwingungen, die in flüssigem Wasser gehindert sind und erst in der Gasphase beobachtet werden können.

Warum ist nicht von Isotopeneffekten die Rede? Prinzipiell sind diese denkbar und treten auch auf. Dass sie in Wasser mit natürlicher Isotopenzusammensetzung keine Rolle spielen, zeigt ein Vergleich der IR-Spektren von leichtem und schwerem Wasser (Abb. 5.5). Aufgrund des großen Massenunterschiedes zwischen Wasserstoff und Deuterium sind Unterschiede deutlich stärker ausgeprägt als bei Kohlenstoffdioxid.

Die Deformationsschwingung wird um ca. 300 cm^{-1}, die Valenzschwingung sogar um mehr als 700 cm^{-1} zu kleineren Wellenzahlen verschoben. Aus diesen Daten lassen sich nun z. B. die Bindungsstärken der H-O- Bindung und der D-O-Bindung berechnen und vergleichen.

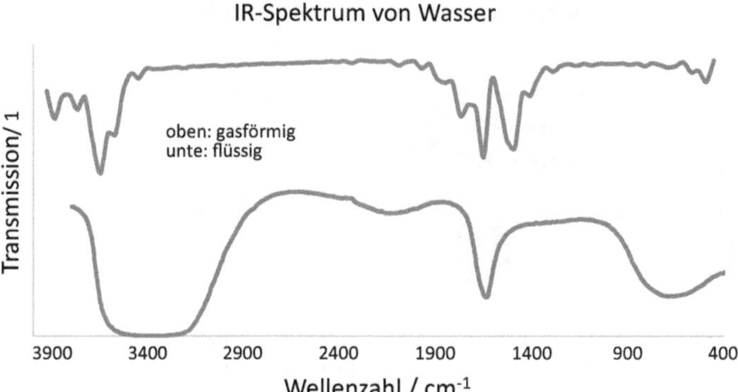

Abb. 5.4 Infrarotspektren von gasförmigem und flüssigem Wasser. Im Spektrum von flüssigem Wasser sind die Rotationsbanden nicht aufgelöst

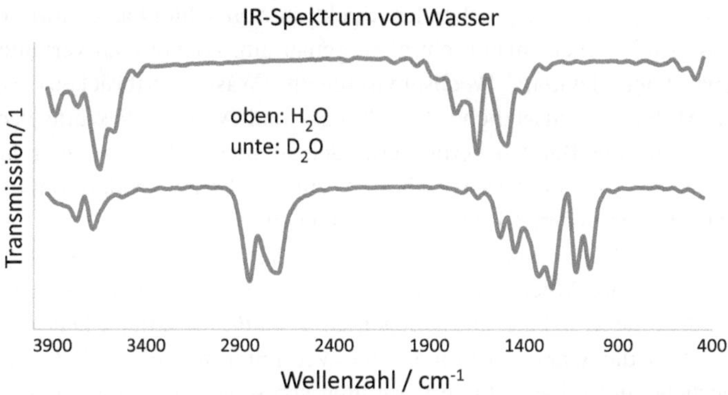

Abb. 5.5 Infrarotspektrum von leichtem und schwerem Wasser. Die Verschiebung der Banden wird durch die höhere Masse des Deuteriums verursacht

5.1.3 Halogenwasserstoffe

Die gasförmigen Halogenwasserstoffe (*nicht* die wässrigen Lösungen!) sind schöne Beispiele dafür, wie mit der Anregung von Schwingungen auch immer die Anregung von Rotationen verbunden ist.

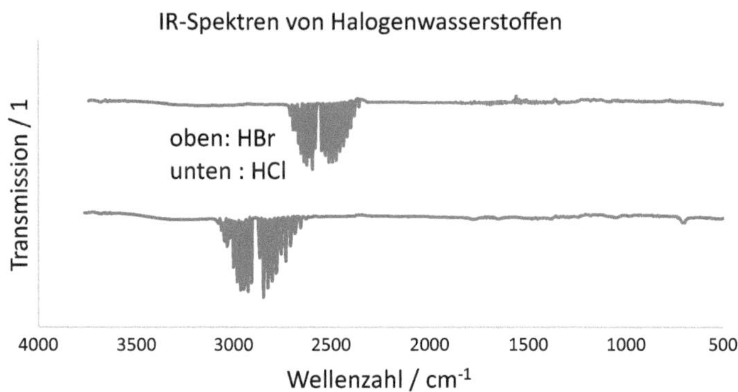

Abb. 5.6 Übersichtsspektren von gasförmigem Chlor- und Bromwasserstoff. Die Verschiebung des Maximums bei Chlorwasserstoff gegenüber Bromwasserstoff ist deutlich zu sehen

Abb. 5.6 zeigt die entsprechenden Spektren von Chlorwasserstoff und von Bromwasserstoff. Schaut man nicht allzu genau hin, könnte man vermuten, dass durch zwischenmolekulare Wechselwirkungen (Wasserstoffbrücken) zwischen isolierten Molekülen zusätzliche Anziehungs- und Abstoßungskräfte verursacht werden, welche die Banden verbreitern. Schaut man jedoch genauer hin (vgl. Ausschnitt) erkennt man, dass es sich nicht um *eine* breite, sondern um *eine Vielzahl* recht scharfer, symmetrisch verteilter Banden handelt.

Was bedeutet das? Zunächst einmal: Die „Verbreiterung" wird nicht durch zwischenmolekulare Wechselwirkungen verursacht. Schließlich handelt es sich um Gase, d. h. die Moleküle sind unregelmäßig im Raum verteilt. Das aber würde bedeuten, dass die *scheinbare* eine *echte* Verbreiterung sein müsste, also eine kontinuierliche und keine diskrete Verteilung von scharfen Banden um einen zentralen Wert herum.

Weiter vorne wurde gesagt, dass die Wellenzahl der Valenzschwingung von Chlorwasserstoff bei ca. 2900 cm^{-1} auftritt (Abb. 5.7). Dort findet sich jedoch … Gar nichts! Grund ist – was sonst – wieder eine Auswahlregel. Für die Schwingungsquantenzahl gilt $\Delta\nu = +1$. Das Gleiche gilt für die Rotation. Wenn sich also der Energieinhalt des Moleküls von v = 0 nach v = 1 ändert, so ist damit auch immer eine Änderung der Rotationsquantenzahl verbunden. Zu der Energie von ca. 2900 cm^{-1} für den Übergang $\Delta v = 0$ nach $\Delta v = 1$ wird also immer auch die Energie der Änderung um ΔJ addiert bzw. von ihr subtrahiert.

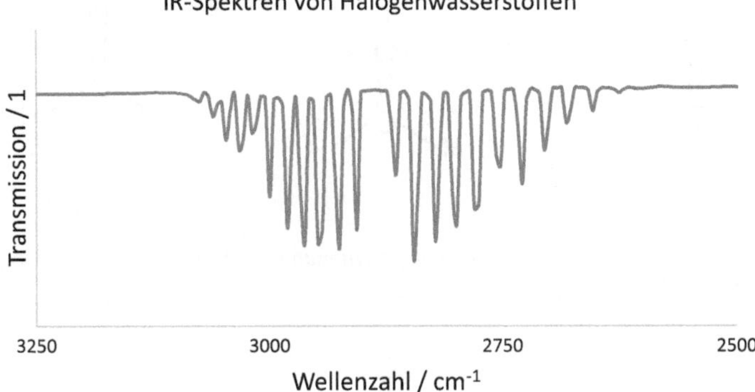

Abb. 5.7 Ausschnitt aus den Spektren von gasförmigem Chlorwasserstoff, die symmetrischer Verteilung der Rotationsschwingungen um eine mittlere Wellenzahl ist deutlich zu erkennen

5.2 Flüssigkeiten

Oben wurde bereits exemplarisch flüssiges Wasser im Vergleich zu gasförmigem Wasser gezeigt. Aufgrund der besonders starken intramolekularen Wechselwirkungen (Wasserstoffbrücken-Bindungen!) ist der Einfluss des Aggregatzustandes besonders ausgeprägt. Abgesehen vom einfacheren Handling bei der Probenpräparation gilt die Faustregel, dass IR-Spektren von Flüssigkeiten einfacher aufgebaut sind als von Gasen, da Rotationsübergänge nicht aufgelöst und nur Schwingungsübergänge zu beobachten sind. Im Folgenden werden exemplarisch die Spektren einiger wichtiger organischer Substanzen besprochen.

5.2.1 Formaldehyd

Formaldehyd ist ebenfalls ein einfach gebautes Organisches Molekül. Da es aus vier Atomen besteht und gewinkelt aufgebaut ist, weist es sechs Normalschwingungen auf. Dabei handelt es sich um je eine symmetrische und eine asymmetrische C-H-Valenzschwingung und eine C=O Valenzschwingung. Daneben treten noch drei Deformationsschwingungen auf: Eine *in-plane-* und eine *out-of-plane*-Deformationsschwingung sowie eine Kippschwingung (Abb. 5.8).

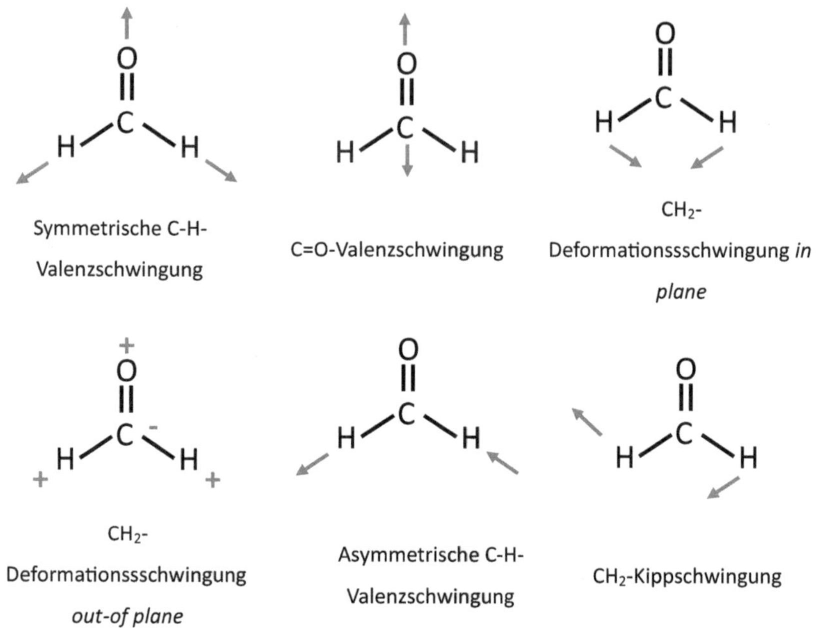

Symmetrische C-H-Valenzschwingung

C=O-Valenzschwingung

CH_2-Deformationssschwingung *in plane*

CH_2-Deformationssschwingung *out-of plane*

Asymmetrische C-H-Valenzschwingung

CH_2-Kippschwingung

Abb. 5.8 Normalschwingungen bei Formaldehyd

Das entsprechende Infrarotspektrum ist in Abb. 5.9 dargestellt. Wie fast schon zu erwarten ist, sind deutlich mehr als die oben genannten Normalschwingungen zu sehen. Vor allem Kombinationsschwingungen treten sehr häufig auf, werden jedoch von der Analyse der Normalschwingungen nicht erfasst.

Eine schon erwähnte Faustregel gilt auch beim Formaldehyd: Die Valenzschwingungen sind bei höheren Wellenzahlen zu finden als die Deformationsschwingungen (Tab. 5.3).

5.2.2 Aceton

Das Aceton-Molekül ist aus zehn Atomen aufgebaut und verfügt daher über vierundzwanzig Normalschwingungen. Diese im Detail zu betrachten ist nicht nur mühsam, sondern auch für die Praxis nicht wirklich relevant. Wie bei vielen, vor allem organischen Molekülen, liegt das Interesse hier auf der Zuordnung charakteristischer Banden zur Identifizierung des Moleküls (Abb. 5.10).

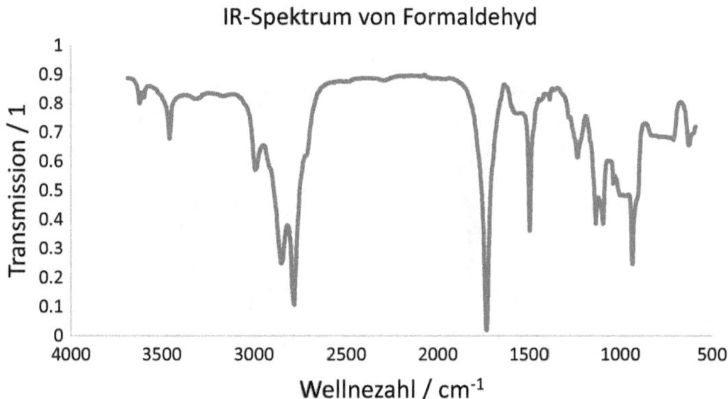

Abb. 5.9 Infrarotspektrum von Formaldehyd

Tab. 5.3 Schwingungsanalyse von Formaldehyd

Wellenzahl/cm^{-1}	Art der Schwingung
2843	Asymmetrische C–H-Valenzschwingung
2766	Symmetrische C–H-Valenzschwingung
1746	C = O-Valenzschwingung
1501	CH_2-Spreizschwingung
1251	CH_2-Pendelschwingung
1167	Inversionsschwingung

Aber wo anfangen? Eine Möglichkeit ist der Vergleich mit ähnlichen, jedoch einfacher aufgebauten Verbindungen. Hier bietet sich zum Beispiel Formaldehyd an. Es verfügt, wie auch Aceton, über eine Carbonylfunktion, jedoch nicht über Methylgruppen. Damit lässt sich zum Beispiel die Valenzschwingung der Carbonylfunktion einfach und sicher identifizieren (Tab. 5.4).

De Bande um etwa 3050 cm^{-1} ist im Vergleich mit Formaldehyd sicher einer C-H-Valenzschwingung zuzuordnen, wobei die symmetrische und die asymmetrische Schwingung so eng beieinander liegen, dass die zu Identifizierungszwecken zusammengefasst werden. Die Deformationsschwingungen der Methylgruppe und der C-C-Bindung sind in Formaldehyd nicht existent, sodass zumindest die grobe Identifikation ohne weiteres möglich ist. Zwischen beiden

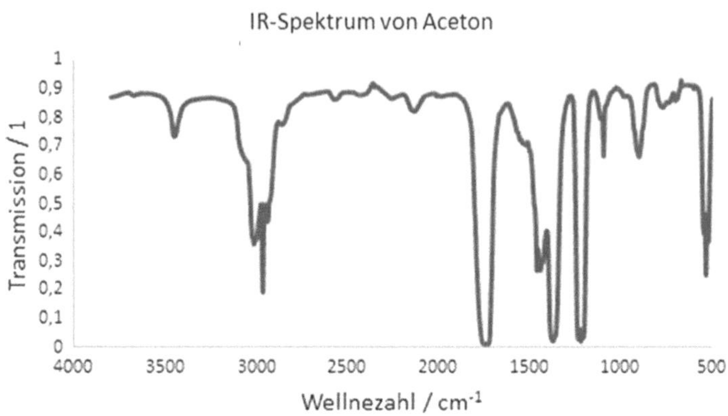

Abb. 5.10 Infrarotspektrum von Aceton

Tab. 5.4 Schwingungsanalyse von Aceton

Wellenzahl/cm^{-1}	Art der Schwingung
3413	Oberschwingung der C=O-Valenzschwingung
um 3050	Symmetrische und asymmetrische C–H-Valenzschwingung
1715	C=O-Valenzschwingung
1425	Asymmetrische CH_3-Deformationsschwingung
1360	Symmetrische CH_3-Deformationsschwingung
1230	C–C-Deformationsschwingung

zu unterscheiden, ist zum Beispiel durch Messung des entsprechenden deuterierten Acetons möglich oder durch Bestimmung der Kraftkonstanten in Vergleichsverbindungen und anschließende Berechnung der zu erwartenden Wellenzahl für Aceton.

Interessant ist hier zum Beispiel auch die Oberschwingung bei etwa 3400 cm^{-1}. Diese ist zwar nicht sonderlich intensiv, fällt aber trotzdem auf, da sie in diesem Bereich die einzige Absorptionsbande darstellt.

5.2.3 Methanol

Methanol ist die einfachste organische Verbindung mit einer Hydroxylgruppe. Da Wasser bereits besprochen wurde bietet es sich sicherlich an, einen Blick auf das Spektrum von Methanol zu werfen (Abb. 5.11). Obwohl das Molekül weniger Atome enthält als Aceton, sind immerhin noch zwölf Normalschwingungen zu erwarten. Bei einer genauen Analyse müssten diese zunächst identifiziert, dann auf IR-Aktivität geprüft und anschließend den im Spektrum beobachtbaren Banden zuordnet werden. Das ist sicherlich möglich, aber auch hier nicht wirklich praxisnah.

Um nicht nur bei der reinen Substanzidentifikation zu bleiben, lohnt der Vergleich mit Wasser. Formal wurde ja nur ein Wasserstoffatom durch eine Methylgruppe ersetzt, sodass deren Identifikation nicht allzu schwierig sein dürfte (Tab. 5.5).

Wie die Tabelle zeigt, taucht die für Verbindungen mit Hydroxygruppen typische Bande bei 3640 cm^{-1} auf; sie ist (etwas) schärfer als bei Wasser aufgrund des geringeren Einflusses der Wasserstoffbrückenbindungen. Die Deformationsschwingungen des Wassermoleküls verschwinden natürlich, stattdessen erscheinen in dem gleichen Bereich wie auch schon bei Aceton die Deformationsschwingungen der Methylgruppe. Ganz typisch ist auch die scharfe Bande bei 1000 cm^{-1}, die durch die Valenzschwingung der C-O-Bindung verursacht wird.

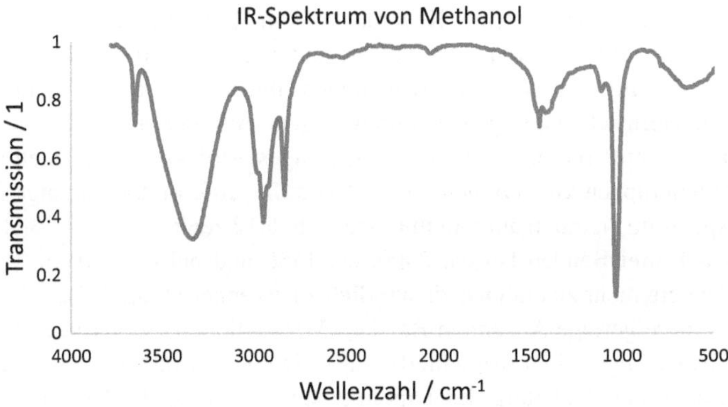

Abb. 5.11 Infrarotspektrum von Methanol

Tab. 5.5 Schwingungsanalyse von Methanol

Wellenzahl/cm^{-1}	Art der Schwingung
3640	O–H-Valenzschwingung
um 3150	CH_3-Valenzschwingung
3050–2800	CH_2- und CH-Valenzschwingung
1470	CH_2-Deformationsschwingung (Torsion)
1360	CH_2-Deformationsschwingung (Kipp)
1000	C–O-Valenzschwingung

5.3 Feststoffe

Sind unter anderem deshalb interessant, weil die Formel 3 N-6 Anlass zu den schlimmsten Befürchtungen geben kann: Wie viele Banden sind in einem Spektrum zu erwarten, wenn die Anzahl der Atome im Molekül groß oder prinzipiell sogar unendlich wird? Die folgenden Beispiele sollen dieses Problem exemplarisch anreißen.

5.3.1 Eicosan

Eicosan ist mit einem Schmelzpunkt von 38 °C ein bei Raumtemperatur gerade noch festes Alkan Trotz seine Kettenlänge von 20 Kohlenstoffatomen ist es, im Gegensatz zu Polymeren oder Salzen, ein klar definiertes Molekül. Daher sollte die Anzahl der Normalschwingungen mit $3\,N - 6 = 186$ eine ganze Menge an Normschwingungen erwarten lassen. Auf der anderen Seite ist es ein Paradebeispiel für ein ziemlich langweiliges Molekül: Zwei Methyl- und 18 Methylengruppen klingen nicht besonders aufregend. In der Tat zeigt sich das Infrarotspektrum ziemlich aufgeräumt, wie Abb. 5.12 zeigt.

Lediglich drei Banden bei ca. 2900, ca. 1450 und bei ca. 700 cm^{-1} sind zu sehen. (letztere mehr zu erahnen als wirklich zu erkennen) (Tab. 5.6).

Wieso diese geringe Anzahl an Banden? Wieso die teils so geringe Intensität? Die beiden wichtigen Stichworte hierbei sind „Dipolmoment" und „Entartung".

Die Stärke der Änderung des Dipolmomentes ist eine der Ursachen für die Intensität der Banden: Je größer die Änderung des Dipolmomentes, desto intensiver die Absorptionsbande. Da sich bei der Kipp- und Pendelschwingung kaum

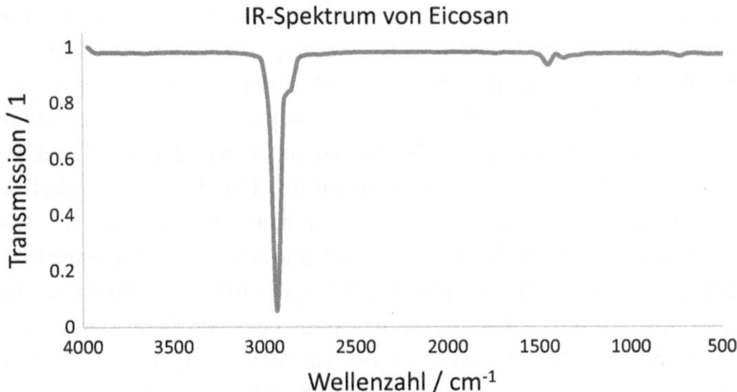

Abb. 5.12 Infrarotspektrum von Eicosan

Tab. 5.6 Schwingungsanalyse von Eicosan

Wellenzahl/cm^{-1}	Art der Schwingung
2900	CH_3- und CH_2-Valenzschwingung
1450	CH_2-Kippschwingung
700	CH_2-Pendelschwingung

eine Änderung ergibt, sind die Banden entsprechend schwach. Sind Schwingungen mehrfach entartet, so treten sie zwar bei der gleichen Wellenzahl auf, ihre Intensitäten summieren sich jedoch. Dies ist z. B. der Grund, weshalb die bei Eicosan schon sehr schwachen Banden der Kipp- und Pendelschwingung oft gar nicht zu sehen sind. Die Valenzschwingungen der Methylengruppe sind zwar auch nicht höher entartet als die Deformationsschwingungen, jedoch aufgrund der größeren Änderung des Dipolmomentes deutlich intensiver.

5.3.2 Nitrate

In festem Natrium- und Kaliumnitrat sind die Kationen und die Anionen an festen Plätzen im Kristallgitter lokalisiert. Nur das Nitration weist ein Übergangsdipolmoment auf und kann somit im Spektrum lokalisiert werden. Wie viele Normalschwingungen sind also zu erwarten? Das Anion ist nicht kovalent an das Kation gebunden, daher ergibt die Anwendung von 3 N -6 mit N=4 insgesamt

6 Normalschwingungen. Dies sind eine symmetrische Valenzschwingung, eine Inversionsschwingung (d. h. eine Deformationsschwingung, bei der das Stickstoffatom über bzw. unter die Ebene des planaren Moleküls schwingt; ähnlich wie ein umklappender Regenschirm), eine asymmetrische Valenzschwingung und eine Spreizschwingung, wobei die beiden zuletzt genannten je zweifach entartet sind. Da sich bei allen diesen Schwingungen das Dipolmoment ändert, sind insgesamt vier durch Normalschwingungen verursachte Banden zu erwarten. Diese sollten für Kaliumnitrat bei 2436, 1798, 1338 und 836 cm^{-1} erscheinen.

Ein Blick auf die Spektren (Abb. 5.13) zeigt „ein wenig“ mehr als vier Banden. Wieso das? Weiter vorne wurde erwähnt, dass Stoffe in der Gasphase ein durch Rotationen überlagertes Schwingungsspektrum zeigen. Dies ist bei Salzen sicherlich nicht der Fall. Woher dann diese Vielzahl an Banden?

Wie schon einige Male weiter oben, zeigt sich auch hier, dass die Formel 3 N-6 eben nur die Anzahl an Normalschwingungen im isolierten Molekül liefert. Nur ist eben genau diese Voraussetzung bei Salzen nicht gegeben. Zwischen den Ionen wirken elektrostatische Wechselwirkungen. Betrachtet man formal einen noch so kleinen Kristall als „Makromolekül“, so werden neben einer Vielzahl an Kombinationsschwingungen auch weitere Normalschwingungen, verursacht durch weiter entfernte Ionen auftreten. Zieht man nun noch die mit der Entfernung abnehmende Bindungsstärke in Betracht, so sind eine Vielzahl von Schwingungen zu erwarten, die ja auch tatsächlich auftreten. Will man die „eigentlichen“ Normalschwingungen beobachten, so muss man in der Gasphase oder in Lösung messen.

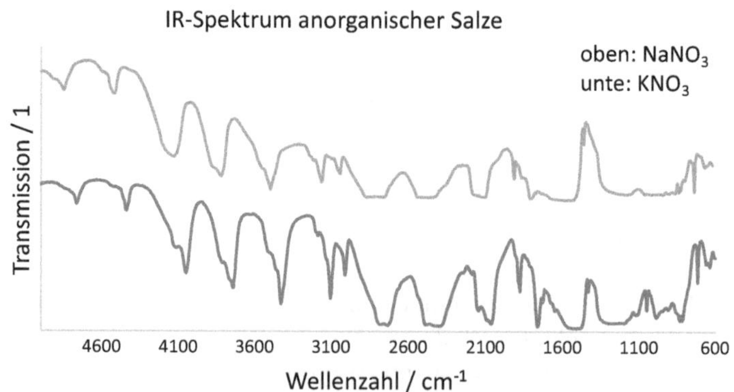

Abb. 5.13 Infrarotspektren von Kalium- und von Natriumnitrat

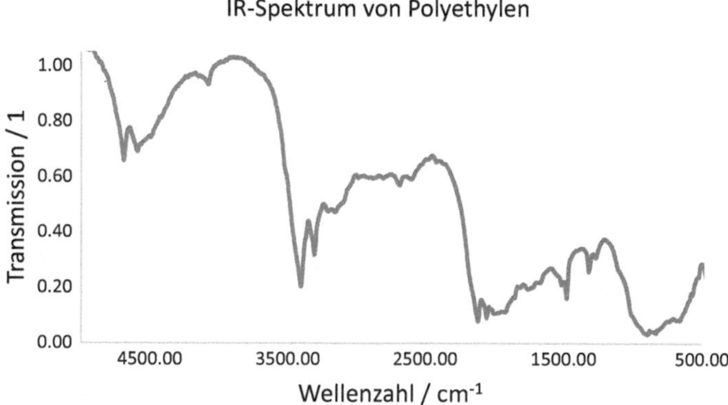

Abb. 5.14 Infrarotspektrum von Polyethylen

5.3.3 Polyethylen

Als letztes Beispiel soll nun noch das oben für Salze Gesagte auf „richtige" Makromoleküle übertragen werden. Da schon ein langkettiges Alkan besprochen wurde, treiben wir das Spiel auf die Spitze und schauen uns das Spektrum von Polyethylen an (Abb. 5.14).

Im Großen und Ganzen beobachtet man nun eine Kombination der Effekte, die für Alkane (vgl. Eicosan) und der Effekte, die für Makro „moleküle" wie Salze gelten: Eine aufgrund der Ausdehnung des Moleküls große Anzahl an Schwingungen. Eine Identifizierung ist ohne weitere Informationen kaum möglich. Auswege aus dieser Situation gibt es mehrere, die natürlich auch beliebig kombiniert werden können: Neben dem Vergleich mit Datenbanken wurden hier das Messen einfacher aufgebauter Verbindungen oder die Berechnung der Wellenzahlen auf Basis von Kraftkonstanten besprochen.

5.4 Fazit

Was bleibt also am Ende? Ist es aufgrund des auf wenigen Seiten Geschriebene nun möglich, beliebige Spektren vorherzusagen oder zu interpretieren? Leider nein. Nur Selbermachen macht schlau. Einige Werkzeuge wurden geliefert, einige Beispiele erwähnt, aber der Umgang mit Werkzeugen muss geübt werden. Spektroskopie ist ein Handwerk, das erlernt werden will. Also: Ran ans Werk und viel Spaß dabei. Der Erfolg kommt dann (fast) von allein.

Was Sie aus diesem *essential* mitnehmen können

Wenn Sie dieses *essential* nicht nur durch*lesen,* sondern auch durch*arbeiten,* sollten Sie in der Lage sein

- Bindungsstärken aus Wellenzahlen zu bestimmen und/oder Wellenzahlen selbst zu berechnen, wenn Ihnen Daten vergleichbarer Moleküle vorliegen
- Die Anzahl der Banden in IR-Spektren, welche durch Normalschwingungen verursacht werden, vorherzusagen
- Zumindest bei nicht allzu komplex gebauten Molekülen Banden von Isotopen, Ober- und Kombinationsschwingungen zu erkennen
- Den prinzipiellen Einfluss des Aggregatzustandes einzuschätzen

Wenn Sie dann noch etwas Interesse an der Spektroskopie gefunden haben und sich nun an „richtige" Lehrbücher (vgl. Literaturliste) heranwagen, haben Sie das Maximum herausgeholt.

T. Hecht, *Physikalische Grundlagen der IR-Spektroskopie,* essentials,
https://doi.org/10.1007/978-3-658-27535-8

Literatur

Allgemeine Bücher zur Physikalischen Chemie, in denen auch die Spektroskopie angesprochen wird

Atkins, P., & dePaula, J. (2013). *Physikalische Chemie* (5. Aufl.). Weinheim: Wiley-VCH.
Engel, T., & Reid, P. (2006). *Physikalische Chemie* (1. Aufl.). San Francisco: Pearson Studium.

Bücher, deren Schwerpunkt eher auf Molekülbau und Spektroskopie liegt

Engelke, F. (1996). *Aufbau der Moleküle* (3. Aufl.). Stuttgart: B.G. Teubner.
Hollas, J. M. (2002). *Basic atomic and molecular spectroscopy.* Cambridge: Royal Society of Chemistry.
(Beide nur noch antiquarisch erhältlich)

Bücher mit dem Schwerpunkt Anwendung und Interpretation von Spektren, ebenfalls bewährte Klassiker

Günzler, H. (2012). *IR-Spektroskopie: Eine Einführung* (4. Aufl.). Weinheim: Wiley-VCH.
Bienz, S., Bigler, L., Fox, T., & Meier, H. (2016). *Spektroskopische Methoden der organischen Chemie* (9. Aufl.). Stuttgart: Thieme.

T. Hecht, *Physikalische Grundlagen der IR-Spektroskopie,* essentials,
https://doi.org/10.1007/978-3-658-27535-8

Wenigstens *eine* url zum schnellen Finden von (nicht nur) IR-Spektren

https://webbook.nist.gov/chemistry/.

Und zum Schluss noch ein kleiner Tipp: (Zu) vieles findet man natürlich auch im www. Vor allem Universitäten bieten teils sehr gute Praktikums- und Vorlesungsskripte. Beiträge in einschlägigen Foren sind allerdings oft mit Vorsicht zu genießen, zumal dort oft nach wenigen Beiträgen das eigentliche Thema völlig verzerrt ist.